本书献给你和我。

浪花朵朵

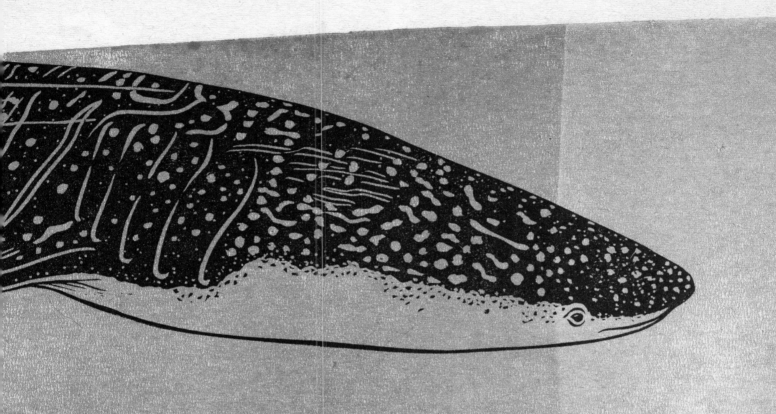

动物
有灵

[西] 巴布洛·萨尔瓦赫 著

吴荷佳 译

四川美术出版社

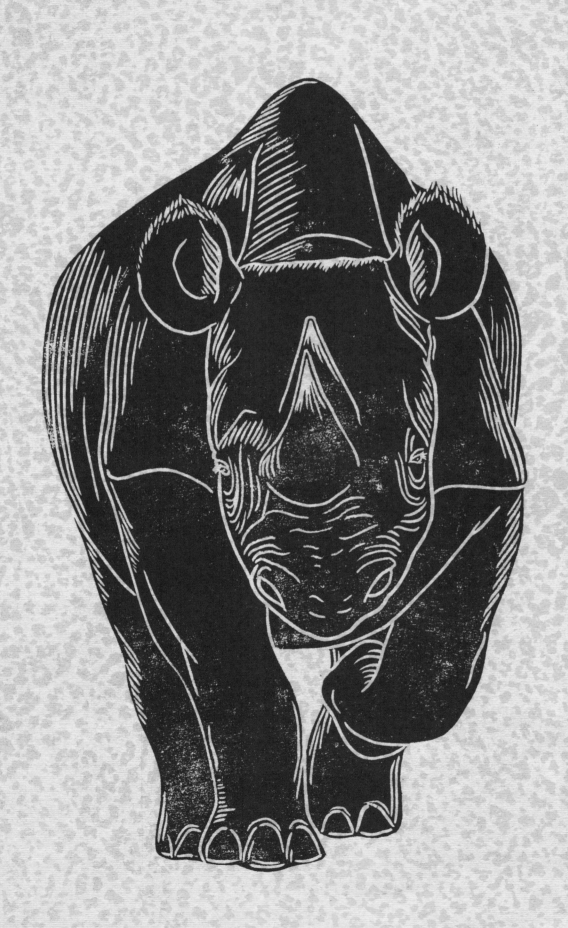

灵魂

地球上几乎每一个角落都是生命的栖息之所。人类与无数的动物同住一个地球。每种动物都是如此生动迷人，让人赞叹。我们都由原子和分子组成，共同创造了一个有机系统，并与周边的环境亘古不变地保持联系。我们共享一片天空，呼吸同样的空气，依赖着大自然的馈赠。动物的每种行为都值得赞赏、钦佩。

大自然母亲赋予每个生命以灵魂，使我们既可以保持各自的独特性，又可以打破、削减物种之间的隔阂与差异。灵魂——如果我们停下来倾听它——将引导我们理解、同情、尊重乃至于保护和守卫与我们不同的每一种生命存在。

动物之灵是生命之本，是我们共同的特性，也是一段尚有许多细微差别未被破译、无法预料的旅程。本书中，我们将通过一幅幅画作，去发现他们的感知本能，走近他们的灵魂。这将会赋予我们一种全球的意识，在这种意识中我们都是整体的一部分。

在你阅读这本书的时候，群鹤开始从冰天雪地之处迁徙到不太冷的地方；鲸群正在通过他们经过几个世纪进化而臻于完善的语言进行交流；成百上千只企鹅占据整个岛屿，进入充满爱意的繁殖季节；与此同时，还有数百万只动物正在他们的生命旅程中持续前行。

日复一日，所有的动物都遵循着自身强烈的本能，遵循着大自然的法则，展现着强大生命力所创造的一个个伟大壮举。本能，驱使他们的心脏有力地搏动，让他们听从内心的呼唤。

动物有灵，这激起我们创作本书的热情，希望可以借此促进人类与自然界的和谐，让我们通过双眼去发现大自然中各种动物的行为，用好奇之心去探索自然界曾经的故事和如今的现实。这是本书想要表达的如何更好地关心和理解动物之灵的初衷。

爱

　　爱，一个含义深厚的词！我们与其迷失在它的定义里，不如在自己的切身感受中，在自己的生命里找到爱的含义，感受爱并成为爱的主体。

　　爱是生命的发动机，是个体之间的纽带，是推动我们将一切做得更好的动力。为了寻找最珍贵的伴侣，把握最佳的繁殖时机，爱具有排山倒海的威力。企鹅是最好的例子，他们轮流孵蛋、觅食，全心全意地呵护后代，保证孩子能够茁壮成长。

　　大猩猩、巨嘴鸟、长颈鹿、斑马、你和我，无论物种如何不同，都一样能够感受到爱。不同物种的爱有所不同：可能是短暂的、随着季节变化而变化的，也可能是深沉的、伴随一生的。但无论如何，爱都是纯粹、真实而自由的。为了爱，一切都值得。那些激动人心的求爱仪式全力展现出每一个生命与生俱来的美丽。孔雀展示出的非凡的吸引异性的能力，只为了一个单纯的目标——繁殖并持续构成自然界生命物质的一部分。

　　爱是自由的，它有千百种表现形式。大自然赋予生灵爱的能力，无论是在两个、三个还是一群个体之间。爱，除了充满激情、转瞬即逝的感觉之外，更多的是它塑造了生命之形状、个体之纹理，赋予了灵魂缤纷的色彩。没有灵魂的个体不会感受到爱，没有爱我们今天就不会聚在这里。

　　爱，亘古不变。爱，不仅是一种本能，更是大自然生命进化旅程中不可或缺的元素。

节奏

地球保持着恒定的节奏不停旋转，犹如心脏不停息地搏动。地球是一个生命有机体，如同时钟一样不停运转，所有的生灵伴随着每一秒的滴答声互联互通。每一种动物都有属于自己的舞步，并如四季轮回般精准地起舞。

那些早起者，比如树懒和考拉，与太阳一同苏醒，开始缓慢地行动，沉浸在树叶的盛宴之中。当黑暗笼罩地球，猫头鹰和雕鸮是繁星的忠实伴侣，他们在静寂的黑夜中外出寻找食物。借着黎明或暮色的光晕，大象家族沿着一条看不见的路线，开始了数百千米史诗般震撼的旅程，走向另一片土地，去寻找炎热月份里最后的水源。

不同的动物，都在遵循着各自的生命节奏起舞。

生存

  太阳升起后，寻找赖以生存的食物就是每一个动物的首要任务。在这场持续不停的斗争中，他们有时会赢，有时会输。赢得这场生存之战的关键在于敏捷的奔跑、飞翔或是游泳，在于机智的隐藏和伪装，在于时刻保持敏锐的第六感来躲避最危险的捕食者。成为捕食者可以在食物链中处于优势。不过，就算是以顶尖捕食者著称的鳄鱼，也有能忍受一整年不进食的能力。可见，除了灵巧的捕猎技术，他们还需要非凡的耐心来武装自己。

  除了斗争，生存还意味着合作与共赢。我们应该珍惜并享受与优秀伙伴合作的机会。牛椋鸟和非洲水牛之间的合作共赢就是和谐友谊的一个极佳范例。在一方进食的同时，另一方可以享受到一次细致深入的皮肤清洁。

  在气候极端寒冷的地方，比如两极地区，零度以下的气温是动物生存之战中的另一大敌。不过，北极熊经过进化有着厚实的皮脂和浓密的毛发，确保其可以保持住身体的热量来度过寒冷的冬天。如今，气候变化使北极冰层逐渐降低到历史最低水平，这使得当地动物的生存环境濒临极限，给他们带来严酷的生存挑战。

蜕变

　　每一个生命在其一生中，都会体验到出于演变、防御或更新的需求而产生的暂时或永久性的变化，以此来更好地适应环境。蜕变是每种动物某些性质发生变化的过程。

　　在蝴蝶经历的变形过程中，他的整个身体会发生彻底的改变。最初，他是隐藏在树枝间的毛毛虫，而后逐步成熟，最终化茧成蝶、凌空飞舞。

　　一个优秀的伪装可以成为对抗任何捕食者的完美武器，比如保持不动和模仿周围环境。变色龙甚至还会用突然的改变来表达自己的情绪。他们用完全改变身体颜色的方式来和伙伴沟通，表达自己的喜悦或悲伤。

　　蜕皮也是回应内部生长或者外部更新需求而产生的一种变化。许多爬行动物，比如蛇，在一生中会多次蜕皮，因为他们的表皮相对于不断生长的身体，总是太小了。蜕皮，尽管不会改变动物的颜色和结构，但仍然是生命辞旧迎新的标志。

　　大自然告诉我们，今天的我们不同于昨日，明天的我们会再次改变。而蕴藏在改变之中的魔力正是保持生命本质和自身身份的关键。

栖身之所

古老、长寿、巨大、悠久、雄伟和智慧，这些词汇都不足以形容朝向太阳生长的会呼吸的摩天大楼——树木。树木是万千不同生命的见证者和参与者，对许多动物来说，树木还为他们提供了栖身之所。

森林受到自然法则的支配，仿若伟大的建筑作品延展覆盖这个星球，成为地球之肺。在森林中，从孤独弱小、独自织网的小蜘蛛，到群居在树梢上的灵长类动物家族，各种生命在此共存。随着生物种群的不断发展，不同动物之间的关系开始交织，不同的物种开始相互依赖。在这场共存的游戏中，每种生命都有属于自己的空间，并懂得互相尊重。仅仅一棵树就可以成为数百只动物的栖身之所，无论他们是否有鳞片、毛发或羽毛。树干被啄木鸟用来建造自己完美的巢，枝条协助松鼠跳跃其中寻找食物，而盘根错节的根部则为更多小动物家族提供了让敌人虚实莫测的洞穴。

当你探索一片森林时，请闭上双眼，就好像在迷失的城市中漫步一样，用其他感官发现围绕在你周围的那些生命。你迈出的每一步里，大自然和其他动物都在与你发生着联系，如水乳交融一般你中有我，我中有你。动物是共存、共享同一个世界的完美范例。

水

水，人类生存不可或缺的元素。

水覆盖着地球表面的绝大部分，水的每一个状态都满溢着生命。

由河流汇聚而成的海洋孕育着无数生命。有些奇特的物种，比如水母，构成其身体的成分95%是水，是已知的最古老的海洋生物之一，随着洋流漫无目的地漂游。在海洋生态环境中也可以找到共存和共生的典范，以及与陆地上一样的演化。在海洋深处，我们发现很多动物定居在由珊瑚礁构成的海底天堂之中，既有需要始终忙于争夺生存空间的最小的鱼类，也有每年只光临珊瑚礁一次来繁衍下一代的巨型鲸。

人类对于这个神秘世界的认识只有冰山一角。在海洋深处，生命在不断演化，新的物种也在悄然诞生，大自然在继续谱写着一部数千万年前就已经开篇的海洋历史巨著。

珍宝

　　有一些生命脆弱而微小，容易被人们忽略和遗忘。有一些英雄壮举，发生在不及人类一只手掌大的地方。

　　对于昆虫、软体动物、爬行动物和其他小动物们来说，这个星球无疑是一个巨人的世界。为了适应这样的生存环境，这些小家伙们为自己小小的身体配备了最佳的武装条件。他们身形虽小，却不容忽视。

　　牢固的甲胄、坚硬的触角、致密的外壳，这些是他们的武装，有时也是他们的家。他们大多是无害的小生命，有着自己的灵魂，有着开创、关怀和感受的能力。个体的伟大是无形、无限的，无关乎身材的大小，不在于别人的眼光，而只归于内心。

　　如今，几乎每一种生命，无论大小，其生存都和人类密切相关，甚至依托于人类。但是，人类却在不断破坏着生态系统，致使更多的生灵濒临灭绝。

　　这些有着伟大灵魂的动物，仅仅是生活在我们周围的生命中很小的一部分，却是将万物连接在一起的无形之网的建造者。让我们一同来关注这些如珍宝般的动物，他们和我们生活在同一个家园——地球。

为了纪念

渡渡鸟是居住在毛里求斯岛的一种鸟类，在人类摧毁了他们栖息筑巢的森林，引入以鸟蛋为食物的其他动物之后，渡渡鸟灭绝了。渡渡鸟的翅膀相对于身体来说非常小，而他们的喙重量又很大，这样很不利于灵活移动……因此，生存对于他们来说并不容易。

本书旨在向渡渡鸟以及那些和他们一样已经灭绝的动物们致敬。剑齿虎、洞穴熊或渡渡鸟仅是残酷灭绝中的几位主角。灭绝本身通常是一种自然现象，但是人类的行为会以过快的速度加快动物灭绝的节奏。他们在消失近百年之后的今天，值得被重新提及，因为他们都曾是地球生命的一部分。

人类的足迹可以改变生命多样性演变的节奏……

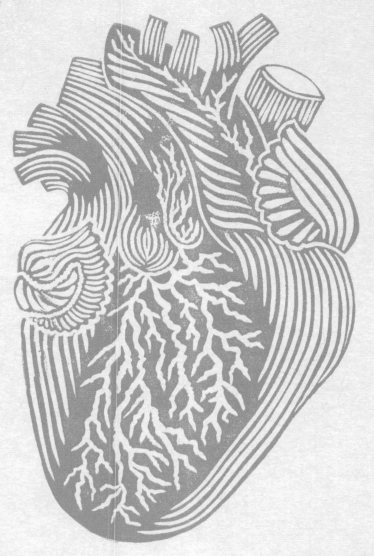

动物

  当我们一页接着一页地发现大自然及其主角的令人难以置信的壮举时，我们心中会直接和这些值得尊敬和钦佩的物种们产生共情。这让我们内心最具野性的直觉相连互通，让我们意识到我们的足迹对无限宇宙中地球这个小小行星所产生的影响力。

  每一个生命都必不可少，并发挥着重要作用。作为拥有智慧的动物，人类的职责在于保持已发现的世界的完整性，守卫赠予我们土地的地球，关爱与我们共存的其他生命。

  人类保护他们之所爱，了解则是产生爱之必需。倾听你的心声，跟随你的感受，去了解这个世界。我们自身是我们正在讲述的故事里的一部分。而这个故事尚有空白之页等待着我们写下新的诗篇。

  你的心跳将会引导你倾听和呵护属于你的动物之灵。

　　本书献给所有为了教会大象幼崽勇敢面对生活、奋勇拼搏而努力的大象母亲。当看到自己的孩子奔跑前进时，她们会高兴地抬起象鼻……

　　献给在每一次暴风雪袭来之后仍旧唱着歌返回家中的企鹅父亲。他们教会了孩子保持乐观是生存的关键。

　　献给照顾整个狼群的母狼。她们在月下长嗥，因为月光指引着她们前进的方向，并将群体凝聚在一起。

　　献给互帮、互助、互爱的大猩猩。对他们来说，丛林生活就是每天清晨开始的一场游戏。

　　献给我们的后代。因为他们天马行空的想象，让我们睁开双眼，看到一切皆有可能。

　　献给那些已经消逝的动物，也献给你。因为你，我心悸动。

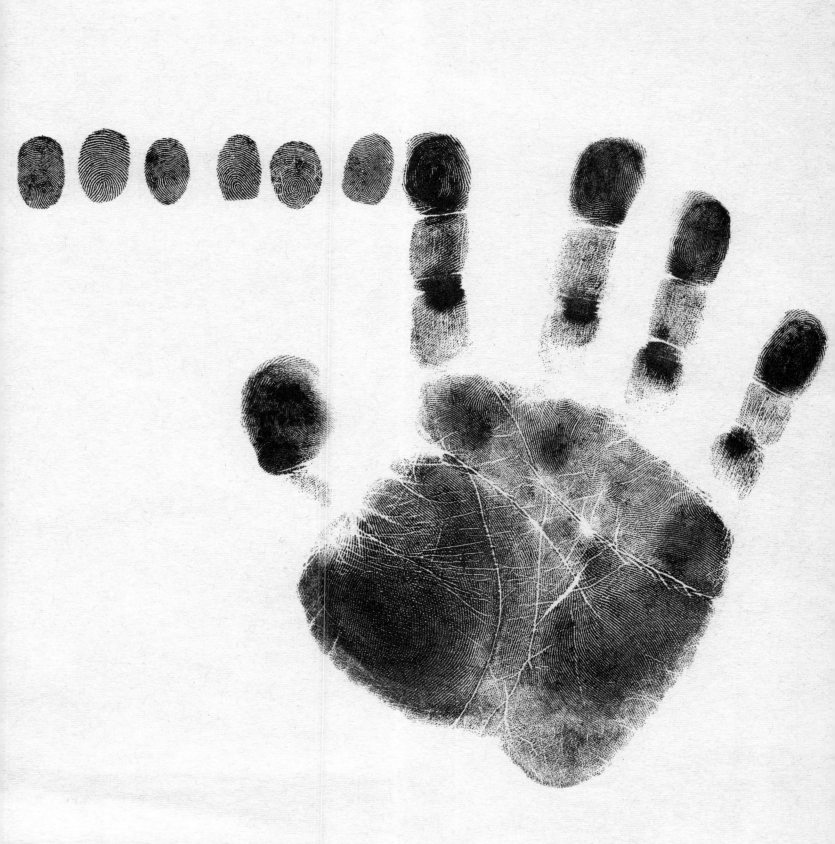

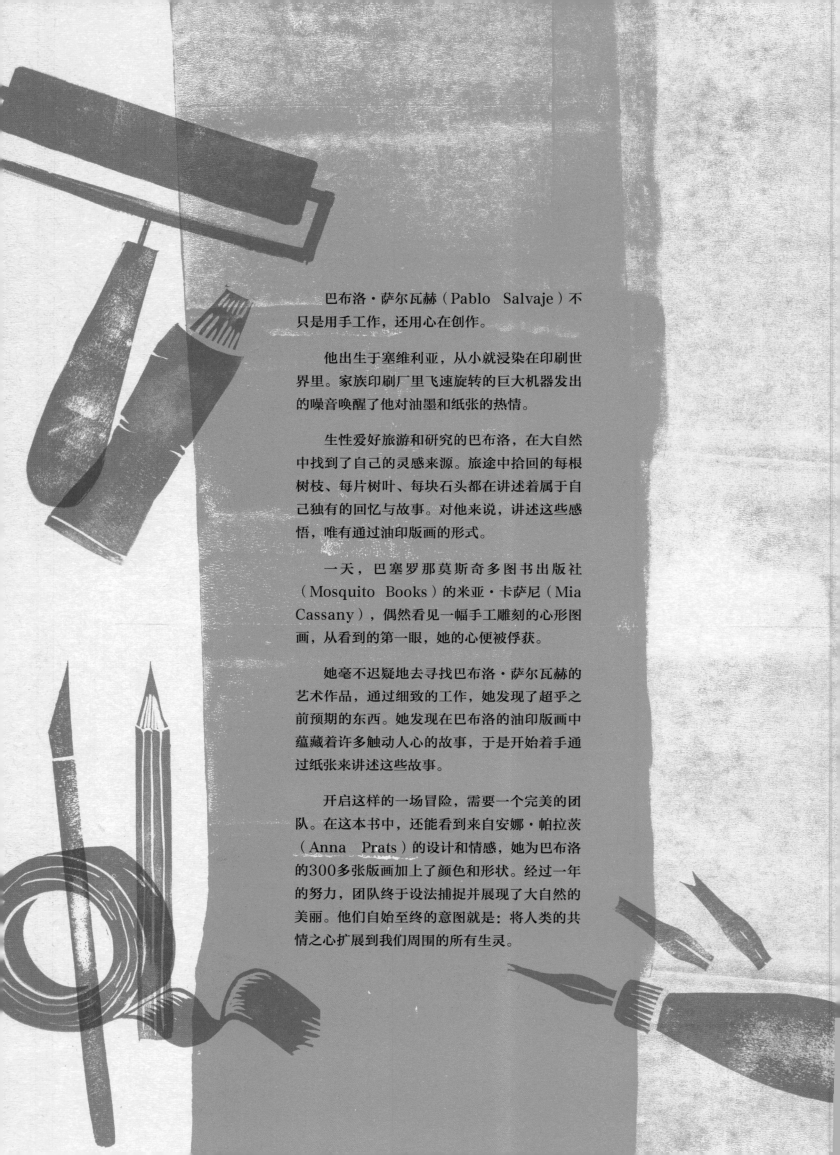

巴布洛·萨尔瓦赫（Pablo Salvaje）不只是用手工作，还用心在创作。

他出生于塞维利亚，从小就浸染在印刷世界里。家族印刷厂里飞速旋转的巨大机器发出的噪音唤醒了他对油墨和纸张的热情。

生性爱好旅游和研究的巴布洛，在大自然中找到了自己的灵感来源。旅途中拾回的每根树枝、每片树叶、每块石头都在讲述着属于自己独有的回忆与故事。对他来说，讲述这些感悟，唯有通过油印版画的形式。

一天，巴塞罗那莫斯奇多图书出版社（Mosquito Books）的米亚·卡萨尼（Mia Cassany），偶然看见一幅手工雕刻的心形图画，从看到的第一眼，她的心便被俘获。

她毫不迟疑地去寻找巴布洛·萨尔瓦赫的艺术作品，通过细致的工作，她发现了超乎之前预期的东西。她发现在巴布洛的油印版画中蕴藏着许多触动人心的故事，于是开始着手通过纸张来讲述这些故事。

开启这样的一场冒险，需要一个完美的团队。在这本书中，还能看到来自安娜·帕拉茨（Anna Prats）的设计和情感，她为巴布洛的300多张版画加上了颜色和形状。经过一年的努力，团队终于设法捕捉并展现了大自然的美丽。他们自始至终的意图就是：将人类的共情之心扩展到我们周围的所有生灵。

图书在版编目（ＣＩＰ）数据

动物有灵 /(西) 巴布洛·萨尔瓦赫著；吴荷佳译. -- 成
都：四川美术出版社，2020.4

ISBN 978-7-5410-9097-4

Ⅰ.①动… Ⅱ.①巴… ②吴… Ⅲ.①动物 – 普及读
物 Ⅳ.①Q95-49

中国版本图书馆CIP数据核字(2020)第015863号

Text/Illustrations© Pablo Salvaje
Originally published in 2018 under the title "Alma Animal" by Mosquito Books Barcelona,
SL.–info© mosquitobooksbarcelona.com
Simplified Chinese rights are arranged by Ye ZHANG Agency (www.ye-zhang.com)

简体中文版权归属于银杏树下（北京）图书有限责任公司

四川省版权局著作权合同登记号 图进字21-2020-32

动物有灵

DONGWU YOU LING

[西] 巴布洛·萨尔瓦赫 著 吴荷佳 译

出 品 人　马晓峰

选题策划　北京浪花朵朵文化传播有限公司　　　　　　出版统筹　吴兴元

编辑统筹　冉华蓉　　　　　　　　　　　　　　　　　责任编辑　唐海涛

特约编辑　康晴晴　　　　　　　　　　　　　　　　　责任校对　陈 玲　余以恒

责任印制　黎 伟　　　　　　　　　　　　　　　　　营销推广　ONEBOOK

装帧设计　墨白空间·唐志永

出版发行　四川美术出版社

　　　　　（成都市锦江区金石路239号 邮编：610023）

开　　本　950毫米×670毫米 1/8

印　　张　9

字　　数　100千

图　　幅　66幅

印　　刷　天津图文方嘉印刷有限公司

版　　次　2020年4月第1版

印　　次　2020年4月第1次印刷

书　　号　978-7-5410-9097-4

定　　价　76.00元

读者服务：reader@hinabook.com 188-1142-1266
投稿服务：onebook@hinabook.com 133-6631-2326
直销服务：buy@hinabook.com 133-6657-3072
官方微博：@ 浪花朵朵童书

后浪出版咨询（北京）有限责任公司